Ecos de Primavera

Ben Petersen

Copyright © 2018 Ben Petersen
Todos los derechos reservados.
ISBN-13: 9781720038016

Los hechos relatados a continuación, son verdad, todo verdad y nada más que la verdad.

Es el derecho del lector creer mi historia o no, empero la realidad no es materia de creer. Solo se la puede aceptar o cerrar los ojos a ella.

B. P.

Hubiera deseado que todo fuera diferente.

Fue en primavera. Uno de esos hermosos días de sol.

Me encontraba caminando por el bosque sin pensar en nada, solo dejándome llevar por la belleza que me rodeaba, los colores, los perfumes, la brisa.

Todo parecía perfecto hasta que súbitamente *"squish"*, y un grito -¡Ahhh!

Pegué un violento salto hacia atrás.

Sucedió que había pisado un montón de caca, pero no fue eso lo que me sobresaltó, sino que el grito no había provenido de mi boca sino de la bosta.

-Esa costumbre de dejarte llevar por la belleza del entorno y dejar la mente volar, puede matarte. ¿Qué tal si en vez de **yo**, hubiera habido un pozo, o hubieras pisado una serpiente?

Por inverosímil que parezca la mierda me estaba hablando.

Obviamente estaba más que sorprendido y me quedé callado mirándola.

-No tengas miedo -me dijo-, acércate un poco que vamos a charlar.

-Esto es una broma -pensé.

Apenas me acerqué la miré bien, y miré con cierta desconfianza a mi alrededor, pero no había indicios de nadie más, y a menos que alguien hubiese puesto un parlante en el excremento, esto en realidad estaba sucediendo.

-No -dijo- nadie puso un speaker, no hay cámaras escondidas y nadie te está grabando. Estamos solos vos y yo.

-¡Diablos! -pensé- es como si me hubiera leído la mente.

-Si -respondió.

Esto ya fue suficiente para querer salir corriendo, pero antes de siquiera poder intentarlo agregó: -Espérate un poco, no te vayas, tenemos que hablar.

Eso dijo y eso sucedió...

No voy a relatar todo lo que sentí a lo largo de nuestro diálogo, todos los pensamientos entrecruzados y contradictorios que tuve, sensaciones (solo por enumerar algunas) de sorpresa, bronca, impotencia y confusión. Deseos de que todo esto fuese solo un sueño, o una pesadilla. Describir todas estas emociones y pensamientos que me atravesaban en cada parte del diálogo, daría para escribir otro libro.

Baste solo decir, que yo, estaba hablando con Dios.

* * *

-¿Qué quieres? -pregunté.

-Ya te dije, charlar un poco. No va a llevar mucho tiempo. ¿Todavía no sabes quién soy, no?

-No -respondí -quiero decir... si, un montón de mierda.

-No solo eso -dijo-. Te voy a dar una ayuda. A ver... se dice que estoy en todas partes, algunos dicen que estoy dentro de todos y cada uno de ustedes. ¿Luego, quién soy?

-¿La caca? -(pregunté inseguro), y seguí observando las proximidades a ver si encontraba a quien o quienes me estaban jugando esta broma.

-No -dijo con voz más fuerte-, y préstame atención, ya te dije que estamos solos. Yo soy el principio de todo y el fin de todo.

Todo esto me parecía absurdo.

-¡No sé -repliqué- el aire, la mujer, no sé!

-¡No! -gritó-. Yo soy quien sabe que camino tomara tu vida, aun sin saberlo tú.

-¿Los que hacen comerciales para la TV, un político?

-¡No! -gritó más fuerte-. Si bien puede haber alguna semblanza, no, no soy un político.

Yo soy quien ha creado todo lo que existe, todo lo que hubo y todo lo que vendrá.

Pensé en decir dios, pero estaba seguro de que volvería a decirme que no y se enojaría aún más.

-¡Sí! -dijo, interrumpiendo mis

pensamientos- soy Dios, no ves! Dios. Me quedé en silencio sin siquiera moverme mirando la bosta.

-Está bien -dijo con tono reconciliador- ya sabía que no iba a ser fácil, pero siéntate, siéntate, que tengo algo para decirte.

Me senté, y me quedé callado.

-Te voy a transmitir "La Verdad" -aseveró.

-Nooo, esto tiene que ser joda -pensé-. Pero antes de que pudiera ponerme de pie dijo:

-Otro pensamiento como ese y te voy a salpicar con mi esencia. ¿Queda claro?

-Si -respondí, y cerré la boca.

-Bien, escucha, te estaba diciendo que te voy a transmitir "La Verdad"... Mientras hablaba se me cruzó por la cabeza que si todo esto era cierto, iba a tener el conocimiento absoluto...

-¡No! -me dijo- escucha. Dije "La Verdad", no el conocimiento absoluto. "La Verdad de Yo y ustedes".

[Debo aclarar, así como lo hice antes acerca de mis sensaciones a lo largo de la charla, que tampoco voy a mencionar todas las preguntas que me surgían a medida que Dios hablaba, la mayoría de las cuales él me las contestaba antes de que yo pudiera formularlas verbalmente, y otras, que me parecían sabias o dignas de un teólogo, comprendería más tarde, que las respuestas eran obvias y las preguntas sencillamente estúpidas.]

Continúo la Mierda (¿o el Mierda?): -

De todos los credos, creencias y religiones, de todos los mensajes divinos transmitidos por profetas, mesías y mediadores entre Dios y los hombres; de las llamadas "verdades reveladas"… ¿Cuál es la genuina?

Algo me decía que mi respuesta no iba a ser la correcta. Me quedé pensando. Traté de recordar todas las religiones de las que yo sabía lo más rápido que pude; eran algo más de media docena, pero sabía que había muchas más. Pensé en las principales, las más antiguas, o con mayor número de seguidores; pero no quise arriesgar a equivocarme y no quise hacerlo esperar más, así que humildemente dije: -No sé.

Apenas dije esto me di cuenta de que estaba a un segundo de saber la verdad. Dios me iba a decir cual era la religión verdadera, no seguiría como tantas personas creencias erróneas, no estaría en el lugar equivocado, y lo que es más, él siempre me escucharía.

Y con suave voz dijo: -"Ninguna"

Quedé perplejo, pero después de un rato atiné a decir.

-Pero... no entiendo, si hay un montón de religiones, con gran variedad de dogmas y explicaciones, alguna debe...

-Precisamente -dijo interrumpiéndome- hay "un montón de religiones" como vos decís, y aún van a seguir apareciendo más, justamente porque el ser humano no conoce "La Verdad".

No salía de mi asombro; agregué: -¿Pero cómo?, acaso vos no le diste tus mensajes a...

-¿A quién? -preguntó.

-Bueno, se dice que hablaste con...

-¿!Con quién!? -me interrumpió, esta vez alzando la voz. -¿Vas a nombrar a los "clásicos", a los que les hablé en alguna montaña, o a los modernos, a los que les hable desde un platillo volador? ¿Si todo eso fuera verdad, estaría yo aquí hablando con alguien a quien nadie nunca le va a creer nada y mostrándome como soy?

-Pero entonces...

No hacía cinco minutos que hablaba con Dios y la cabeza ya me daba vueltas.

-Te lo voy a decir sencillamente -dijo-. Los mensajes que dicen que he transmitido y las historias que de mi cuentan, son solo eso, cuentos.

Estaba desconcertado, luego dije. -¿Pero entonces todos los que predican tu mensaje...?

-Tómalo con calma. Te lo voy a explicar.

Muchos de estos cuentos fueron

descaradamente inventados, y mantenidos a lo largo del tiempo por canallas. Otros inventados por algunos que realmente creyeron tener un contacto conmigo, y otros inventados por hombres cuyas mentes sencillamente desvariaban. Pero siempre, a lo largo del tiempo y en todos los casos, fueron mantenidos en pie y explotados por personas, en su gran mayoría, inmorales y totalmente inescrupulosas.

Me quedé cavilando. Luego dije tímidamente: -¿Perdón, puedo disentir?

-Por supuesto -dijo-, pero debes saber que siempre que disientas conmigo vas a estar equivocado.

-Acabas de decir que las religiones, son mantenidas por personas inescrupulosas y todo eso, pero… sí puedo decir que conozco personas verdaderamente buenas, personas con un gran corazón y altos valores morales, personas honestas, sinceramente interesadas en ayudar al prójimo, personas..., ya lo dije, con un gran corazón, y son creyentes y profundamente religiosas...

-Sí -dijo.

-Pero entonces esto se contradice con lo que dijiste antes.

-No- dijo

-No entiendo.

-Esas personas que mencionas son solo las ovejas -agregó.

Me quedé callado pensando en lo que había dicho.

-Las ovejas -se adelantó a decir- son solo los peones de los que dicen que hablan en mi nombre. Funciona así -continuó-. Unos (los canallas) idean o repiten un cuento y luego se lo venden a otros (las ovejas). El cuento es invariablemente incoherente y contradictorio, lo cual no impide que las ovejas lo compren; de paso te digo que quienes los han inventado carecen totalmente de imaginación. Son cuentos de un dios "bueno" pero vengativo, un dios "de amor" pero que castiga, un dios "misericordioso" pero que acepta el sufrimiento de los más débiles. Lo gracioso es que aún con hechos que prueban la incoherencia de la prédica y que se dan frente a los ojos de las ovejas, estas no dejan de creer, siempre buscan una explicación (por insensata y ridícula que sea) para seguir creyendo; y es de esta ciega aceptación de los cuentos, que los vividores de siempre sacan provecho. Ellos solo quieren el poder, y las incautas ovejas se lo dan y los ayudan a conservarlo. Es tan claro y simple que nadie se da cuenta. Las ovejas solo sirven para sacarles la lana y alimentarse de ellas.

Esto empezaba a no gustarme. Le dije:
-¿Y si es así, por que lo permites?

-¿Por qué no? -respondió.

-Bueno, se supone que si somos tus hijos vos deberías...

-Pará, pará, vos también con esa historia de que son mis hijos, ¿vos también te lo creíste?

Me desconcertó.

-Pero si vos nos creaste... -dije (esto me parecía una obviedad).

-Espera un poquito, no sigas -dijo. -¿Vos querías conocimiento?, bueno aquí te va algo:

Efectivamente yo creé el Universo con todas sus cosas. Sin embargo, lo creé y listo, después deje que los procesos naturales se dieran solos, jamás intervine en ellos (ni pienso hacerlo), justamente para eso creé lo que ustedes llaman leyes, para que una infinita variedad de sucesos y cambios pudieran darse por sí solos.

Continuó Dios. -Luego todos los acontecimientos del universo derivarían irremediablemente en un hecho: la aparición de la vida (es aquí donde se pone interesante), y más adelante acá en la Tierra la aparición del "homo sapiens" (¡y ahora se levanta el telón y el drama empieza!).

Si yo hubiera creado directamente al ser humano, si hubiera deseado crear un ser vivo, para qué lo haría con necesidades como respirar o defecar. Habría hecho un ser humano con las mismas capacidades, sentimientos, inteligencia, reflejos; sin necesidad de poner un aparato digestivo, o un cerebro, o lo que sea. Es más, hubiera creado a todos los animales así, que no necesitaran alimentarse, matar, o dormir y que sus vidas no dependieran de determinadas conductas. Hubiera creado seres que no necesitaran reproducirse y pudieran vivir ilimitadamente hasta que yo lo decidiera.

¿Por qué haría un ser humano con vísceras? Lo hubiera creado sin órganos, ¿... no te gusta vacio?, bueno, digamos ¿lleno de luz?, y que pudiera oler, soñar y reír.

¿Para qué haría que a un ser humano le crezca el cabello o las uñas?

Las personas no quieren aceptar que todo es producto de la naturaleza, los más ignorantes piensan que todo es parte de un plan; ¡insensatos! No entienden que *yo no hago planes*, soy Dios. *No necesito planear nada.*

Estaba atónito escuchando.

-Pero nadie se da cuenta -agregó -

¿Sabes por qué?

Moví la cabeza lentamente. -No - respondí.

-Por dos especiales y terribles características humanas:

Uno: No ven lo obvio.

Por increíble que parezca una de las cosas más difíciles que existe para ustedes es ver lo que está frente a sus ojos, lo evidente.-

Seguí escuchando.

-Dos: No ven lo que no quieren ver.

No quieren darse cuenta de que son solo una minúscula parte de un universo, un universo tan inmenso que apenas podrán tener un ínfimo acceso a él, tan vasto que jamás llegarán a conocer totalmente; y son tan soberbios y egocéntricos que creen que yo los creé como algo especial, o por algo especial (pobrecitos). Decime, en términos humanos, no ver lo que se tiene delante de los ojos y aun así ser soberbio, ¿se llama ignorancia o necedad?

Permanecí en silencio. No me esperaba todo esto; no podía creer lo que escuchaba. Por fin me animé y dije:

-¡Pero en definitiva, sí, somos tus hijos!

-¡Otra vez con lo mismo! -contestó-. A ver si entiendes. Te lo voy a explicar así:

Si tuvieras la capacidad de crear cualquier forma de vida, y crearas unos pececitos para tenerlos en tu pecera. ¿Dirías que esos pececitos son tus hijos? Si tu pones una semilla en el suelo y luego crece una planta y la planta da frutos; ¿dirías que esos frutos son tus hijos?

Me quedé callado.

-Además, pareciera que me estás

insultando. Dios no puede tener hijos tan viles; mira a la humanidad y dime francamente si pueden ser hijos de un dios.

Me quedé mirando la mierda y dije: -Bueno creo que hay cierta similitud.

Apenas terminé de hablar, me di cuenta de lo que había dicho (y a quién), pero para mi sorpresa...

-¡Touché! -dijo- ¡Muy bueno!, pero es solo una coincidencia circunstancial. -Y agregó: -pero… continuando con lo que habías preguntado, acerca de ¿por qué permito que se abusen de las ovejas? Ya te dije que no son mis hijos, y lo permito porque no me importa.

Y sí, dejo y dejé que los habladores se desparramaran por el mundo entero con toda su parafernalia verborragica y arriaran ovejas por doquier. Los seres humanos son realmente sorprendentes, están dispuestos a creer cualquier cosa (sí, cualquier cosa), y una vez que se enganchan emocionalmente con esa cosa ¡listo! la creencia queda instalada, y no hay forma de que la cambien; aun frente a hechos que la invalidan, no hay forma de removerla. Y no solo eso, lo increíble es que después le dan a su creencia valor de "**verdad**".

¿Quieres más? Dejé que los creyentes fueran castigados con calamidades, que les fuera infligido dolor a los más buenos, que los más puros fueran lastimados.-

No daba crédito a mis oídos, estaba petrificado.

-Dejé que los más débiles fueran aplastados, que los más solidarios se quedaran sin nada, y los más justos fueran martirizados..., y las ovejas -continuó- no solo siguieron creyendo, sino que reforzaban su creencia.

Me asqueó lo que escuchaba. Dije: -Pero todo eso es muy cruel.

-Crueldad es un concepto humano no aplicable a mí.

-Pero se supone que Dios es amor, que nos ama.

-Amor es un concepto humano no aplicable a mí.

Y agregó: - ¿Vos realmente creés que un dios de amor puro y absoluto permitiría los padecimientos por los que han pasado ustedes desde que aparecieron en la tierra? ¿Tú realmente crees que un dios misericordioso permitiría que inocentes murieran de hambre por millones? ¿Vos realmente creés que un dios justo permitiría que hombres y mujeres nacieran, vivieran y murieran infelices y sin libertad, sometidos a que otros decidieran sobre sus vidas? ¿Tú realmente crees que un dios de bondad permitiría que por siglos mujeres y niños fueran violados y asesinados cruelmente y aceptaría que seres humanos nacieran solo para tener una vida de padecimientos? ¿Tú crees en un Dios así? ¿Vos **querés** un Dios así?

    Tuve conciencia de lo atroz. Sentí náuseas.

    -Entiéndelo -dijo-. Las historias (los cuentos) que se cuentan acerca de mí y mi relación con ustedes son solo eso, cuentos. Y la verdad es que a mí no me importa si ustedes sufren o no, si son felices o no, si hay injusticias o no. Y lamento decirte que no tengo premios para nadie así como no tengo castigos.

    Me quedé en silencio, por un rato no pude hablar; luego insistí. -¡Pero no entiendo por qué lo permites!

    -Ya te lo dije no me importa.

-Pero... no entiendo como no te importan nuestros padecimientos..., si nos dejas existir por qué al menos no evitas que suframos -agregué.

-Pareciera que no escuchas cuando te hablo -dijo- y además (por supuesto) no ves lo obvio. Decime, ¿a vos te aflige los millones de peces que son devorados vivos diariamente por otros peces? ¿A vos te preocupa el sufrimiento de los animales que mueren de hambre, de sed, o entre las mandíbulas de otro animal? Miles mueren día tras día, desde antes que ustedes aparecieran en la tierra, y van a seguir muriendo cada día de tu vida y después. ¿A vos te preocupa? ¿A vos te angustia que millones de insectos sean cotidianamente devorados vivos por otros animales? Decime, todo esto, ¿a vos te quita el sueño?

Una vez más no supe que decir.

-¡Pero claro, yo sí tengo que preocuparme por ustedes! -agregó- ¡porque son tan importantes!

-¡Pero estas dejando sufrir a seres humanos que te aman, que te rezan!- dije alzando la voz.

-¿Que me aman? Deberías decir "seres humanos que usan mi nombre"; que a lo largo de su existencia han matado y matan usando como justificación mi nombre, que han ambicionado y detentado el poder usando mi nombre, que imponen leyes y preceptos a voluntad diciendo que son mis deseos! Y las ovejas de gran corazón, ¿cómo dijiste?, interesadas en ayudar al prójimo. La única realidad que les interesa es la que está a no más de un metro de distancia de ellas. Dicen que porque me rezaron ahora tiene un mejor trabajo o les fue bien en un examen o salió bien una cirugía, y la prueba que esgrimen de que (como su religión dice) yo las escucho y soy bueno, es simplemente que a ellas les fue bien. Pero es sorprendente que no se pregunten (no les importa) por qué mientras a ellos les aumentaban el sueldo, o les iba bien en un negocio, en otra parte yo dejaba sufrir, morir, violar y torturar a otros; ¡su gran corazón no llega tan lejos! Profundamente, esencialmente, solo les importa lo que a cada uno de ellos les sucede en sus pequeñitos mundos. Pero eso no es todo -continuó- estas "buenas y puras ovejas" que me rezan, la imagen que tienen de mi es la de un idiota; que 'si no se visten de esta manera yo me ofendo', que 'si comen eso yo me enojo', que 'si no repiten estas oraciones yo pierdo el sueño'. Lo que están diciendo, es que toda mi existencia está supeditada a lo que ustedes hagan. Esa es la idea que tienen de mí, la de un pobre infeliz que necesita de insectos como ustedes. Una vez más se consideran a sí mismos demasiado importantes. "Dios **me creo a** mí", piensan, "Dios **me escucha**", "Dios **quiere que yo**..." (En realidad, se dan más importancia a sí mismos que a mí). Ven el sol, las estrellas, y un universo que ni siquiera pueden tocar, que jamás, jamás, podrán abarca, y sin embargo se creen los reyes de la creación. -¡**Realmente** -sentenció - **son patéticos**!

Tuve una mezcla de sensaciones, abominación, desamparo. No podía articular palabra. Por un rato permanecí en silencio (el tampoco habló). Por fin tomé fuerzas y pregunté:

-¿Qué más?

-Nada más -contestó-.

-¿Ésta es la verdad que me querías transmitir?

-Sí, -dijo- *breve y simple*, como siempre es la verdad.

Me sentí absolutamente vapuleado. Todo esto me parecía monstruoso.

-¿Y si no te creo -dije-, y si no creo nada de lo que está pasando? Todo esto puede ser un engaño.

-¡Ahá! -dijo alzando la voz- ¡no sos diferente a los demás!, ¿no? Si yo te hubiera transmitido un mensaje que dijera que los amo a todos y que les prometo un lecho de rosas aunque sus vidas sigan siendo una mierda y el mundo no cambie en absoluto, ese mensaje sí lo aceptarías, ¿no? Y aún más, correrías a decírselo a todos y sentirías que fuiste el elegido. Pero mi mensaje te repugna. Por eso no lo quieres aceptar, aún cuando sea la verdad. ¿Es mi mensaje lo único repugnante en todo esto?

Me quedé callado, no podía asimilar todo lo que estaba escuchado. Sí, había sido breve, pero aberrante. Mi cabeza me pesaba;

demasiada mierda, pensé.

-¿Y ahora como te la vas a sacar? -preguntó.

Me sentía como si me hubieran dado una paliza.

-No sé -dije-, no sé. ¿Qué tengo que hacer?

-Vos sabrás -contestó.

-¿Qué? ¿Tengo que transmitir tu mensaje? -dije ásperamente.

-Vos sabrás -contestó.

-¿Para qué me decís esto a mi? -dije alzando la voz-. ¿No dijiste acaso que soy alguien a quien nunca le creerían nada? ¿No dijiste que soy igual que los demás?

-¿Y eso importa? -respondió-. Pero fíjate cómo estás. Dios se presenta, te hace poseedor de la verdad y sin embargo parece que lo que más te preocupa, lo que más te molesta, es lo que dije de vos. ¿Ves? no hay diferencia entre vos y el resto. Hubieras preferido que te dijera: "Hijo mío tú eres el elegido (eso sería lo primordial), entrega tú y solo tú, mi mensaje al mundo". Y como los demás "usarías" a dios sólo para sentirte especial. *En un hombre veo todos los hombres.*

-¡No! -dije gritando- ¡no estoy así por lo que dijiste de mí, y si fueras dios lo sabrías! Estoy así por todo lo que dijiste, por todo lo que dejas que suceda; ¡es cruel e injusto, es todo una mierda! -me sentía realmente furioso.

-¿Pretendes decirme a mí como deben ser las cosas? ¿Pretendes decirme que debe ser y que no? -dijo secamente-. ¿Estás juzgando a tu Dios?

En ese momento tomé conciencia de mi

reacción y con quien estaba hablando.

-¿No deberías estar arrodillado golpeándote el pecho pidiéndome perdón?

Me quedé callado. El corazón me latía fuerte.

-No veo que estés arrepentido de haber censurado a tu dios -dijo-. No veo que hagas nada para remediarlo.

Mi furia era mayor que mi miedo; no dije nada pero temí lo peor.

-Volviendo a tu pregunta de si tienes que transmitir mi mensaje -dijo cambiando de tono, como si nada en absoluto hubiera pasado-. ¿Acaso sabes cuál es? ¿Acaso hay mensaje?

De pronto sentí como que no tenía más ganas de seguir hablando, aunque fuera Dios quien estaba delante de mí.

Atiné a decir: -No sé, creo que si...

No dijo nada.

-¿Entonces qué tengo que hacer? -pregunté.

No contestó.

Repetí mi pregunta, me sentía exhausto.

Nada.

-Por favor -dije inclinándome hacia adelante-. ¿Todavía estas ahí?

Silencio.

Me quedé un instante más esperando a que hablara. Todo esto parecía una locura.

Dije -Bueno, si no vas a decir nada mas entonces me voy.

Silencio.

Esperé. Tenía una terrible sensación de agotamiento. Todo lo que escuché me parecía espantoso.

Después de un rato me puse de pié y volví a decir: -Me voy.

Nada sucedió, nada. No entendía como así abruptamente se había cortado (se había terminado) el diálogo. Nunca hubiera imaginado algo tan terrible, quizás sí otra clase de revelación, pero no esto. Ni siquiera hubo frase final o pensamiento profundo que quedara para siempre en mi memoria, tal vez lo había dicho y yo no me di cuenta, en ese momento no podía pensar, me sentía realmente extenuado. Así de repente como empezó, terminó.

Sin más, emprendí el camino a casa.

* * *

Me detuve frente a la puerta. Miré las suelas de mis zapatillas, todavía tenían restos de caca. Pensé en sacármelas y limpiarlas, ¿o era preferible entrar, caminar con ellas y que hubiera algo de dios por toda mi casa...?, al fin me las saqué y las dejé afuera.

No pude ni por un segundo sacarme de la cabeza todo lo que había sucedido.

Vivo solo y no podía llamar a alguien y decirle que había estado hablando con un montón de bosta sobre los secretos de la vida.

El resto del día no fue mejor. Cuando me quise dar cuenta ya había oscurecido.

De más está decir que fue difícil conciliar el sueño. Fue una de esas noches en que duermes, te despiertas, dormitas, y todo el tiempo eso que te preocupa esta en tu cabeza y a la mañana siguiente no sabes si estuviste soñando con tu preocupación o pasaste la noche entera, medio despierto, pensando en ella.

En definitiva, es fácil imaginar que por la mañana me sentía como si no hubiera dormido en absoluto.

Me levanté y lo primero que hice fue ir a ver mis zapatillas; ¿seguirían allí? Si no tenían vestigios de excremento significaba que nada fue real, o tal vez había en ellas algún regalo especial, o tal vez se habían convertido en zapatos de oro...

Estaban en el mismo lugar y con los mismos rastros de caca del día anterior.

Las levanté, acerqué mi nariz un poco, el olor no era fuerte, pero sí, era caca.

Por todo lo que había sucedido mas los pensamientos de toda la noche me sentía realmente trastornado.

Tenía hambre pero no desayuné nada. Corrí a ducharme y así despejarme un poco, necesitaba ir al bosque, al mismo sitio donde había estado el día anterior y ver qué pasaba.

*   *   *

Llegué y allí estaba, en el mismo lugar y con la marca de mi pisada.

Me acerqué y entonces un montón de moscas salieron volando (¿"ángeles"? - pensé). Me arrodillé y dije: -"Hola"-. Nada, lo intenté por segunda vez y nada. Pensé que si alguien me hubiera visto arrodillado, hablándole a un montón de bosta...

Volví a casa.

Estuve parte del día pensando en las cosas que dios, o esa mierda, o lo que fuera, me había dicho. Digo parte del día porque llegó un momento en que empecé a plantearme si lo de ayer había sido real, o solo un producto de mi imaginación.

Una cosa era cierta: allá había caca, y yo la había pisado. De ahí en más debía pensar seriamente en lo sucedido.

Había solo dos posibilidades:

A _ Todo fue real (esto significaba que "Dios" me había hablado).

B _ Todo fue imaginario (aun cuando para mi, todo fue absolutamente real, si es que quiero ser honesto conmigo mismo, debo barajar la posibilidad, por difícil que me parezca, de que lo haya imaginado).

Dos días después a través de un amigo contacté a un psiquiatra.

Tuve que pensar cómo encarar el tema.

Ya en la consulta, sin entrar en detalles, le expliqué que tal vez había tenido una alucinación, o no, no estaba seguro y le expliqué en qué circunstancias.

Después de muchas preguntas, un sondeo sobre si usaba drogas, antecedentes psiquiátricos en mí y en mi familia, me recomendó hacerme ciertos análisis y test. Lo volví a ver unos días más tarde.

Conclusión: Todos los exámenes daban resultados normales. Se excluía cualquier dolencia psiquiátrica. Sin embargo esto no descartaba la posibilidad de que hubiera tenido una alucinación.

Estaba como al principio.

*   *   *

Pasé muchos días pensando.

No me parece algo habitual que dios se presente vestido de caca, para "charlar un rato". Pero lo que había escuchado, me parecía demasiado coherente como para ser producto de mi mente y demasiado serio como para dejarlo pasar por alto.

No soy muy afecto a escribir (believe it or not!), pero al fin decidí sentarme con lápiz y papel en mano y tratar de aclarar algunas cosas.

Como ya mencioné antes, hay dos posibilidades:

A _ Lo que sucedió fue real.

B _ Lo que sucedió no fue real.

Bien, consideremos "A": Dios me reveló "La Verdad". [Esto tiene serias implicaciones]. Significa que durante siglos todos los "elegidos", mesías y profetas, han estado entregando (algunos a sabiendas otros no) **mensajes falsos** a un mundo desprevenido ("Las Mentiras").

Consideremos "B": O sea, dios no me habló; aquí surge algo interesante, algo en lo que nunca me había detenido a pensar. Si todo lo que escuché (o creí escuchar) no es "La Verdad". ¿Entonces cual?

Existen en todo el mundo docenas, no sé cuantas, pero sí sé que son docenas de religiones distintas. Un solo mensaje es el verdadero, *luego* todos los demás son errados. Esto significa que a lo largo de la historia humana la mayoría de las personas, pensando que seguían caminos correctos en realidad seguían (y siguen) caminos equivocados. Sin embargo todos y cada uno de los seres humanos actúa y vive como si la suya fuese "la verdad".

La pregunta que me hago es: si dios se presentó y dejó un mensaje, ¿cuál es?, ¿cuál es el verdadero mensaje?

Determinarlo en base al contenido o al dogma es un sinsentido, ya que cada individuo le daría mayor significado y valor al mensaje de su creencia. Y si le pidiéramos a alguien que no es religioso que elija uno, seguramente elegiría el mensaje más acorde con su cultura, su forma de pensar y valores (difícilmente en occidente alguien le rezaría al sol o consideraría posible que un sapo sea un dios); o tomaría algunas cosas de una religión y otras cosas de otra si definirse por una sola.

Y en cuanto a probar que fue en verdad dios quien transmitió ese mensaje, desafortunadamente no hay pruebas objetivas, solo relatos verbales o escritos, y la aceptación de de ellos porque sí (que es lo llaman fe).

*   *   *

Realmente no tengo experiencia escribiendo, y no tengo habilidad literaria. Tal vez todo lo que escribí o escriba a continuación no esté redactado de la forma que alguien con experiencia y habilidad literaria lo haría, pero trataré de relatar lo más concreta y claramente posible lo que hice y lo que encontré.

Tenía estas ideas dándome vueltas en la cabeza, y me decía a mi mismo que no podía ser tan evidente, me preguntaba cómo no me había dado cuenta antes, pero no quería encerrarme en mi soliloquio por miedo a caer en la subjetividad, así que…

Los siguientes fines de semana fui a distintos templos de distintas religiones, y también por esos días me comuniqué con un par de buenos viejos amigos, ambos también de religiones distintas (¿podría decir opuestas?).

No intentaba hacer un experimento, no podría siquiera presumir de saber cómo se hace. Solo quería hacer un par de preguntas, estaba ansioso por escuchar de primera mano las respuestas, no quería suponer, no quería dar por sentado cuales serian, las quería escuchar personalmente de mi interlocutor, cara a cara, viéndolo a los ojos.

Fue así:

En los templos, después de terminadas las ceremonias o como se llamen, buscaba a alguien al azar y a la salida me acercaba para hablarle. Decía que era mi primera vez allí y dejaba entrever mi curiosidad por esa religión, en un momento de la charla (que indefectiblemente siempre se extendía más de la cuenta) formulaba mi pregunta: ¿Cómo saber si esta religión es la verdadera palabra de dios? o ¿Qué certeza tengo de que este mensaje es el verdadero?

Fueron casi dos meses que hice esto (no necesité más). En todos los casos, en cada uno de los distintos templos de distintas religiones, con todos con quien hablé las respuestas fueron las mismas.

Mis amigos no fueron la excepción.

*   *   *

Vivo un tanto apartado de la ciudad, así que me sorprendió verlos esa mañana. Los había visto en otras ocasiones, no a estos dos, pero sí a otros con el mismo look. Llegaron en sus bicicletas a la puerta de mi casa, lucían impecables como soldaditos de plomo pero sin esos uniformes coloridos; pelo corto, camisas blancas y sus bolsitos al hombro. Nunca había hablado con ninguno de ellos, no se habían acercado a mí y yo nunca estuve interesado. Estimo que tendrían entre dieciocho y veintiún años.

Comenzaron a hablarme de su religión y el camino a dios. Al final de la exposición uno de ellos me dijo si tenía alguna pregunta; aunque ya suponía cual sería la respuesta no quise pecar de presuntuoso conmigo mismo así que hice la misma pregunta una vez mas. Por supuesto la respuesta fue la misma, pero uno de ellos agregó: -"En este libro están todas las respuestas."

Lo miré a los ojos; la expresión de su rostro cambió súbita y totalmente, dejó de sonreír. Enseguida entendí que fue **mí** expresión la que había cambiado, la suya solo fue consecuencia de eso. No dije nada, hice un gesto indicándoles que iba a cerrar la puerta, uno de ellos se apresuró en extender su mano para entregarme un folleto, quiso decir algo pero lo interrumpí.

-Algo está mal -dije moviendo la cabeza-. Algo está mal…

Se mantuvieron en silencio.

Alcé la vista, volví a mirarlos.

-A su edad -les dije- deberían tener todas las preguntas.

Y cerré la puerta.

Creo que sentí tristeza.

*   *   *

Releo lo escrito y descubro que omití las respuestas que me fueron dadas durante esos dos meses. No son nada extraordinario, en realidad todos hemos escuchado cosas como estas más de una vez, y tal vez ese es el quid de la cuestión; algo que es habitual decir o escuchar, no genera cuestionamiento en nosotros y ni siquiera nuestro sentido común nos dice que hay algo que no encaja.

Si usted es practicante de alguna religión piense que contestaría si alguien le preguntara como sabe usted que la suya es la religión verdadera. Y si usted no es religioso y no tiene idea de cuáles fueron las respuestas que me dieron, bien, aquí van:

"No te lo puedo explicar, tendrías que sentir lo mismo que yo y te darías cuenta".

Todos con **distintas religiones** dicen lo mismo.

"Tendrías que abrir tu corazón y dejar entrar al señor, y entonces verías claro".

¿Significa esto dejar entrar a medio centenar de señores (o más) con distintos mensajes?

Todos y **cada uno** de los creyentes de distintas religiones dan las *mismas respuestas* y *piensan lo mismo*. Todos dicen que lo saben porque tienen a dios dentro de sí, o por el conocimiento adquirido de su religión, o porque se sienten en contacto con dios, o dios los ha tocado; y todos, y cada uno de ellos de distintas religiones agregan:

"**Yo sé** que es la verdad".

Todos con distintas creencias y distintos principios me dicen lo mismo, y si les hago notar esto, **todos** sostienen:

"*Pero yo sé que la mía es la verdadera*" (los demás están equivocados).

Todo esto viéndome a los ojos con mirada profunda y leves movimientos de asentimiento con la cabeza, una cerrada y breve sonrisa condescendiente como diciendo: "Yo sé que no lo puedes entender, pero créeme que es así". (Relea este párrafo).

Creo, a esta altura, que todo esto más que una expresión de fe, es llegar a la cumbre de una tremenda **soberbia** y **estupidez**.

No me gusta usar términos tan fuertes y no intento ser agresivo al decir "estupidez", pero si yo, que he hablado con Dios y hasta he estado en contacto físico con él (lo digo con casi absoluta seguridad), no me animo a ser tan terminante y decir esas cosas, cualquier otro mortal que las dice, no me merece mucho respeto.

*   *   *

Resumiendo, ni el dogma, ni el comportamiento, mucho menos el sentir humano ("**mucho menos el sentir humano**"), son indicativos de si una religión es la verdadera palabra de dios.

Y lo cierto es que aun con todos estos mensaje para "la salvación de hombre", el mundo básicamente sigue igual. Es más, hay más religiones y más seguidores, sin embargo el sufrimiento humano no sólo no ha desaparecido, sino que no ha disminuido; las injusticias y el padecimiento de millones siguen a la orden del día, y la aparición de una religión tras otra no ha modificado esencialmente estos hechos (a veces sí, pero para peor).

Hasta donde sé, el universo se sigue desenvolviendo de la misma forma que siempre lo hizo; parece que no necesita de nosotros o de nuestras religiones para seguir su curso.

No sé de una, prédica, rezo, o sacrificio a un dios haya podido apagar las estrellas, o hacer que el agua no moje. Pero si sé que una sola vacuna ha salvado más vidas que millones de rezos a lo largo de los siglos. (Si tu religión niega la realidad, probablemente no es verdadera).

En definitiva, si opto por "B" me encuentro con que no hay ningún indicador objetivo acerca de cuál mensaje es el verdadero. *Y aquí viene otra mala noticia*. Surge entonces otra posibilidad a saber: que ninguna religión sea verdadera.

Proponer que mi contacto con Dios no fue verdad, **no implica** que otro **sí** lo haya sido. Es más, si aun en mi experiencia con Dios que como ya dije antes, para mi es absolutamente real, debo considerar la posibilidad de que no haya sucedido, esto me lleva a pensar en la posibilidad de que ninguna otra historia de un encuentro con dios haya sucedió en realidad. (En un hombre veo todos los hombres).

No hay nada que indique que alguno "fue real". Por lo tanto, afirmar que algún mensaje es el verdadero tiene tanto peso como afirmar que ninguno lo es.

*   *   *

Pasé mucho tiempo pensando.

Pensé en todos quienes desde hace siglos o miles de años afirmaron que "La Verdad" les había sido rebelada por dios para trasmitirla al mundo y que todos la escucharan.

Me pregunté si alguno de ellos se había preguntado alguna vez, si sólo fue su imaginación. Si alguno de ellos alguna vez, habría tenido la honestidad de considerar la posibilidad de que todo fuera imaginario (dejo de lado obviamente, a quienes han inventado historias por propio beneficio). Me di cuenta de que no sólo es más fácil aceptar el hecho sin más, sino que es muy atractivo. Es atractivo ir y decir que tienes el mensaje de dios para todos y de ahora en más eres el intermediario entre él y los hombres. Te conviertes en alguien especial, alguien único.

Juro, que después de mi encuentro con Dios, no me sentí así.

*   *   *

Pasé muchos días, no sé... meses pensando.

Todos los creyentes le rezan a dios, le piden cosas y cuando la realidad les juega en contra a pesar de sus rezos, todos apelan a las mismas justificaciones para explicarlo. ¿Me preguntaba por qué?

Me di cuenta de que las personas, no importa que creencia profesen, tienen temor de no ser recompensadas después de morir, de no ir al paraíso o de ir al infierno. Le rezan a su dios y cumplen al pie de la letra lo que su religión dice para estar a su lado y recibir sus beneficios en la próxima vida. Pero si les haces notar las crueldades que su dios permite y ha permitido siempre, prefieren dar vuelta la cara y cerrar los ojos. Incapaces de cuestionar su propio credo, aceptan y hasta justifican las atrocidades que suceden y han sucedido a lo largo del tiempo. Prefieren no hablar de ello, ni siquiera pensar en ello, no se atreven a dudar por temor a ser castigados por dios y perder su gracia. Quieren la garantía del paraíso.

Lo que me llama la atención es que ¡se consideran sus hijos! Me pregunto quién quiere un padre así.

Si yo, que soy un simple e imperfecto humano, no podría tolerar, ni aceptar que mis hijos vivieran las cosas terribles por las que millones de seres humanos han pasado (y pasan); un dios todopoderoso de amor, mucho menos aceptaría esto. Sin embargo deciden adorar a un dios que somete inocentes al dolor.

Pero por supuesto tienen las respuestas preparadas:

-"Lo hace para probar nuestra fe".

Cagarle la vida a millones de seres humanos. ¡Esto es lo que yo llamo una buena forma de probar nuestra fe! Pobre dios, no tiene otra manera de hacerlo.

¿Pero…, no es que él ya sabe lo que cada uno siente y cómo vamos a reaccionar? Un poco contradictorio, no?

-"Son inescrutables los caminos del señor". -"Dios tiene razones que jamás entenderemos".

Si lo que dios hace o quiere, es inescrutable o no lo podemos comprender, si no sabemos porque hace lo que hace, cómo es que por otro lado nos arrogamos el derecho de decir que sabemos cuál es el camino que dios quiere que tomemos, lo que debemos hacer, y que dios así lo quiere. Tal vez no es así como lo quiere, ya que "sus caminos son inescrutables". ¿Es ésta otra contradicción demasiado obvia para verla?

-"Los que sufren en esta vida serán felices en la siguiente".

¿Por qué haría a unos penar y a otros no, para ir al paraíso? ¿Para qué haría nacer niños que apenas vivirán unos años (debería decir padecerían unos años) para luego morir de hambre, o a golpes? Me están diciendo que, dios los crea a sabiendas de lo que van a sufrir.

Si esto no es un juego macabro, entonces no sé qué lo es.

En lo que respecta a mí, no quisiera pasar ni un solo segundo en la otra vida con un dios así. Aun si lo que afirman la mayoría de las religiones fuera verdad, preferiría ganarme la condena eterna y "padecer los fuegos del infierno" antes que estar junto a un dios que permite el sufrimiento de inocentes.

Si tengo que obrar acorde con mis valores no puedo aceptar el paraíso a cambio de cerrar los ojos a las injusticias y el dolor de otros.

Al menos, el Dios de Mierda que conocí es coherente (por simple que parezca esta calificación para Dios), fue honesto en su palabra y no juega con nosotros. Es Dios, no necesita hacerlo.

*   *   *

Una vez más tuve que sentarme con lápiz y papel para aclarar todo lo que estaba en mi cabeza. Si no quiero caer en la subjetividad en que han caído los demás, aun cuando sé, perdón, aun cuando pienso que lo que me sucedió fue real, debo evaluar las implicaciones en forma objetiva, más allá de lo que yo crea.

Las opciones son tres:

I _ Me encontré con Dios y me habló la verdad.

II _ El dios de alguna religión (y su mensaje) es el verdadero.

III _ No hay mensaje ni dios.

(Si alguien sugiere que tal vez hay dios

pero no mensaje, esa posibilidad esta asimilada en la opción I.)

*   *   *

Debo aclarar que así como en mis aprendizajes, también soy un poco lento en mi comprensión. Me llevó un tiempo descubrir que queda una cuarta opción. La llamo la "Trampa de Dios".

Opción IV: Supongamos que dios es como todas las religiones lo describen. Con esas características contradictorias y humanas (por infantil que esto sea), es bueno, tiene ira, necesita, quiere, etc., etc., y uno de los mensajes (o varios), provienen de él. Aún cuando varíen en su contenido y muchos se contradigan, vemos que todas las religiones, sin embargo, absolutamente todas, tienen algo en común, y es: que debes respetar, obedecer y aceptar ciegamente lo que tu dios te dice. Ya sé que cualquiera diría que esto cae de maduro, que es una obviedad, que es la base sobre la que se funda una religión, hacer lo que *Dios quiere*.

… Tal vez no sea así.

Todas las religiones nos dicen: acepta el dolor pues es dios quien lo envía, acepta que haya injusticias pues dios así lo quiere, acepta que unos sean martirizados pues dios tiene sus razones, y bla, bla, bla... Seamos ovejas y aunque no nos guste aceptemos en silencio, **"Ten temor de dios"**.

Para un dios al que (*según dicen*) le gusta probar a los seres humanos, seguirlos y observarlos a lo largo de la historia, crearles conflictos, someterlos a tentaciones, a sufrimientos, y ponerlos a prueba. Tal vez esto es lo que está haciendo (pero de otra forma).

¿Que quiero decir?

Déjeme explicarlo.

Personas que son consientes de todas

las atrocidades que suceden en el mundo, aun cuando detestan estos hechos, continúan rezándole a dios a pesar de que él lo permita y no se apiade de quienes lo padecen. Igual continúan alabándolo.

Pero la razón de por qué lo hacen es simple, "temor de dios". Tienen miedo que dios los castigue por manifestar o sólo pensar que es una crueldad que él permita esas cosas. Tienen miedo que los castigue por toda la eternidad.

El malestar y la zozobra que <u>algunos</u> expresan <u>ocasionalmente</u> frente a otros con respecto a las injusticias que existen, las callan frente a su dios, y son hipócritas por cobardía.

¿Qué tal si todo esto fuera sólo una prueba?

Cómo sabemos que dios no envió a propósito mensajes incoherentes con la realidad, opuestos y sin sentido. ¿Qué tal si las injusticias y barbaridades que ha permitido por siglos sobre millones de seres humanos fue **ex profeso**, para probar quienes tenían el valor de cuestionarlo o aun más, de **rechazarlo**?

Qué tal si lo que dios quiere en realidad es: *seres humanos de verdad* que se atrevan a decirle que algo no es correcto aunque sea **su** decisión, seres humanos sin temor de gritar que algo está mal, aunque **Él** así lo quiera.

¿Cómo sabemos que lo que dios quiere, no es en realidad, seres humanos, que **a riesgo de perder el paraíso y ser castigados por toda la eternidad,** *tengan la moral suficiente para objetarlo aunque él sea su creador*?

¿Cómo sabemos que lo que dios quiere, no es, de entre todas esas pequeñas e imperfectas criaturas que él creó, darles la eternidad a su lado, únicamente, y sólo **únicamente**, a esas que tuvieron el valor de ponerse de pié y repudiarlo, porque no soportan más ver sufrir a otros?

El paraíso entonces, sería sólo para unos pocos.

Éste también sería un juego macabro por parte de dios. Pero este argumento *al menos* <u>no es contradictorio como el de todas las religiones</u>. Sería explicativo de por qué dios permite las aberraciones que suceden en el mundo.

¿Tal vez, no...?

(Y si así fuera, ¿dónde se encuentra usted parado?)

*   *   *

Si alguien me preguntara hoy cuál es mi postura al respecto, en qué creo y en qué no, bueno... yo lo presentaría de este modo.

Las cuatro opciones:

I _ Dios me reveló la verdad.
II _ El mensaje de alguna religión es la verdad.
III _ No hay mensajes ni dios.
IV _ Dios da mensajes contradictorios con la realidad (esperando que el ser humano, a pesar de sus miedos, abandone *su amor interesado*, reaccione y se convierta, por sí solo, en un ser digno de él).

Bien, descarto absolutamente la Opción II.

¿Razón?

Simple, Dios se comunicó conmigo (**guste o no**) y me dijo la verdad. Por ende todos los demás *mienten* o están sencillamente equivocados. *Si tengo que tener alguna duda respecto a mi experiencia*, mucho menos voy a creer en lo que *otros* cuentan o leyeron o les dijeron *de las visiones* de otros. Opción **II** fuera.

Opción **IV**, si bien considero esta alternativa **mucho más plausible** que cualquier explicación de otras creencias; este dios al igual que el de las demás religiones gusta de jugar juegos. Veo esto, como características más bien humanas que de un dios. Opción **IV** tengo mis dudas.

Opción **I**, se que está basada en una experiencia individual; pero por más racional que quiera ser no puedo ignorarla. Especialmente porque el testimonio que me dejó resulta sumamente coherente y absolutamente obvio. Elijo Opción **I**, como la verdadera.

Opción **III**. Si descarto, y solo, "si descarto" la Opción **I**, acepto Opción **III** como la legítima. ¿Por qué?

Bueno ya he explicado, creo que más que de sobra que, bajo ningún punto de vista puedo reconocer la Opción **II**, ya no digo como verdadera, ni siquiera como plausible. Y la **IV**, es mucho mas concebible; pero con un dios de la misma calaña que los otros. Si voy a aceptar a un dios, que al menos actúe como tal.

En definitiva, para mí:

Opción I   **La verdad**

Opción II   **No voy a perder el tiempo**

Opción III **Probable**

Opción IV **Dudosa**

Esto es simplemente lo que yo pienso. Lo que me parece que tiene más probabilidad de ser "La Verdad".

Queda claro que no intento decirle a nadie que debe creer o que camino tomar.

Si alguien me dijera que tuvo una revelación divina después de hablar con un montón de caca, yo tampoco le creería.

La cuestión es medir con la misma vara no solo los cuentos de otros, sino el que uno cree.

Recuerdo que cuando la *Gran Cagada* me hablaba, diciendo por que permitía tantas atrocidades, llegué a pensar "que dios cruel". Sé que cualquier persona hubiera estado de acuerdo conmigo. Lo llamativo es que nadie piensa eso de su dios, aun cuando los hechos son los mismos.

*   *   *

Han pasado algunos años (nueve y medio) desde aquel hecho.

Hasta ahora no se lo había contado a nadie.

No he buscado discípulos en todo este tiempo, mucho menos ovejas. No he tratado de convencer a nadie predicando "La Verdad"; nadie la creería, mejor dicho nadie la aceptaría; no por ridícula o falta de realidad (historias más insensatas acepta el ser humano), sino porque no promete un lecho de rosas al final del camino, porque no dice que nosotros somos el centro de la creación, que somos importantes y que dios se preocupa por nosotros; porque no dice que quienes sigan esta palabra son los "elegidos"; pareciera que esto le gusta mucho a las personas, pensar que son "los elegidos"; ellos sí, los otros no. ¿Será que esto los hace sentirse superiores, o mejores (o diferentes)?

    Por otro lado como dijo Dios, soy alguien a quien nadie jamás le creería nada, además de que el mensaje que tengo para compartir no es atractivo. Pero creo que básicamente no sería aceptado, porque no miente.

*   *   *

Casi diez años.

Supongo que algunas cosas han cambiado en mi desde aquel entonces, no puedo precisar con exactitud en que he cambiado; desafortunadamente el encuentro con dios no me ha hecho más inteligente, pero sí puedo decir que por alguna razón me siento más libre, más responsable de mi destino y más unido al resto del mundo.

Aún hoy recuerdo textualmente cada palabra que la *Sagrada Bosta* me dijo. Recuerdo lo que dijo acerca de no ver lo evidente. He tratado de no dejar pasar por alto las cosas obvias, no sé cómo se hace, pero he tratado de estar atento. A veces lo consigo, muchas, no.

Ahora mientras escribo, me doy cuenta

después de todo, que algo aprendí luego de mi encuentro con "La Gran Mierda" (es así como llamo al Dios que conocí).

Aprendí a no creerme tan importante, a no ser tan soberbio. Aun cuando lo que me fue revelado sea "La Verdad", sigo siendo un simple humano.

Aprendí a mirar mejor donde piso.

Aprendí que a pesar de que a Dios no le importamos (él lo dijo), puedo seguir adelante con mi vida, puedo amar, y puedo ser feliz.

No tengo mucho más para decir. No…, francamente sí tendría muchas más cosas para decir, pero no creo que eso importe; quien está dispuesto a ver la realidad no necesita de nadie que se la muestre y quienes prefieren cerrar los ojos… bueno, no hay palabras ni hechos que se los abran.

Lamentablemente no tengo ningún pensamiento profundo para dejar grabado en las mentes o en los corazones.

Sólo puedo decir que disfruto cada vez más mis paseos por el bosque. Aunque sean días sin sol, aunque sean días de lluvia, aunque no sea primavera.

*   *   *

Amazon.com:Books

www.ingramcontent.com/pod-product-compliance
Lightning Source LLC
Chambersburg PA
CBHW030441220526
45464CB00006B/2376